上海市工程建设规范

# 建筑垃圾再生集料无机混合料应用技术标准

Technical standards for the application of construction waste recycled aggregate inorganic mixture

DG/TJ 08－2309－2019

J 14951－2019

主编单位：上海市建筑科学研究院有限公司
　　　　　上海公路桥梁(集团)有限公司
　　　　　上海市政工程设计研究总院(集团)有限公司
批准部门：上海市住房和城乡建设管理委员会
施行日期：2020 年 5 月 1 日

同济大学出版社

2020　上海

**图书在版编目(CIP)数据**

建筑垃圾再生集料无机混合料应用技术标准/上海市建筑科学研究院有限公司,上海公路桥梁(集团)有限公司,上海市政工程设计研究总院(集团)有限公司主编.--上海:同济大学出版社,2020.5

ISBN 978-7-5608-9208-5

Ⅰ.①建… Ⅱ.①上… ②上… ③上… Ⅲ.①建筑垃圾－再生资源－无机材料－配合料－废物综合利用－技术标准－上海 Ⅳ.①X799.1-65

中国版本图书馆 CIP 数据核字(2020)第 044581 号

## 建筑垃圾再生集料无机混合料应用技术标准

上海市建筑科学研究院有限公司

上海公路桥梁(集团)有限公司　　　　　　主编

上海市政工程设计研究总院(集团)有限公司

策划编辑　张平官

责任编辑　朱　勇

责任校对　徐春莲

封面设计　陈益平

出版发行　同济大学出版社　　www.tongjipress.com.cn
　　　　　(地址:上海市四平路1239号　邮编:200092　电话:021－65985622)

经　　销　全国各地新华书店

印　　刷　浦江求真印务有限公司

开　　本　889mm×1194mm　1/32

印　　张　1.75

字　　数　47000

版　　次　2020年5月第1版　2020年5月第1次印刷

书　　号　ISBN 978-7-5608-9208-5

定　　价　15.00元

# 上海市住房和城乡建设管理委员会文件

沪建标定〔2019〕830 号

## 上海市住房和城乡建设管理委员会
## 关于批准《建筑垃圾再生集料无机混合料应用
## 技术标准》为上海市工程建设规范的通知

各有关单位：

由上海市建筑科学研究院有限公司、上海公路桥梁（集团）有
限公司、上海市政工程设计研究总院（集团）有限公司主编的《建
筑垃圾再生集料无机混合料应用技术标准》，经审核，现批准为上
海市工程建设规范，统一编号 DG/TJ 08－2309－2019，自 2020
年 5 月 1 日起实施。

本规范由上海市住房和城乡建设管理委员会负责管理，上海
市建筑科学研究院有限公司负责解释。

特此通知。

上海市住房和城乡建设管理委员会
二〇一九年十二月十二日

# 前　言

根据上海市住房和城乡建设管理委员会《关于印发〈2018年上海市工程建设规范、建筑标准设计编制计划〉的通知》（沪建标定〔2017〕898号）要求，由上海市建筑科学研究院有限公司、上海公路桥梁（集团）有限公司和上海市政工程设计研究总院（集团）有限公司会同有关单位，经广泛调查研究，认真总结实践经验，参考国内外相关标准，在广泛征求意见的基础上，制定本标准。

本标准主要内容包括：总则；术语；基本规定；原材料；建筑垃圾再生集料无机混合料性能和配合比；结构设计；建筑垃圾再生集料无机混合料生产与施工；验收；附录A等。

各单位及相关人员在执行本标准时，请结合实际，认真总结经验，积累资料，将有关意见和建议反馈至上海市建筑科学研究院有限公司（地址：上海市宛平南路75号；邮编200032；E-mail：yanglixiang@sribs.com），或上海市建筑建材业市场管理总站（地址：上海市小木桥路683号；邮编：200032；E-mail：bzglk@zjw.sh.gov.cn），以供今后修订时参考。

主　编　单　位：上海市建筑科学研究院有限公司
　　　　　　　　上海公路桥梁（集团）有限公司
　　　　　　　　上海市政工程设计研究总院（集团）有限公司
参　编　单　位：上海市奉贤区公路管理所
　　　　　　　　上海宝钢新型建材科技有限公司
　　　　　　　　同济大学
　　　　　　　　上海勤顺建设工程有限公司
　　　　　　　　上海申通地铁集团有限公司
　　　　　　　　上海明彤路基材料有限公司

上海亚璟物资有限公司

上海同瑾土木建筑有限公司

喜瑞阿(上海)新材料有限公司

**主要起草人:** 樊　钧　王　琼　乐海淳　郑晓光　杨利香

谢祖平　钱耀丽　卞国强　李　阳　赵玉静

李　健　夏　平　逯光辉　吴远宾　顾国忠

桂正兴　肖建庄　陆青清　张道玲　陈亚杰

水亮亮　陆美荣　韩云婷　张凯建　刘　琼

肖建修

**主要审查人:** 朱惠君　王宝海　徐亚玲　沈瑞德　王一如

施惠生　孙飞鹏

上海市建筑建材业市场管理总站

2019 年 11 月

# 目 次

# Contents

# 1 总　则

**1.0.1** 为贯彻国家节约资源、保护环境的方针政策,推动建筑垃圾的再生资源化利用,规范建筑垃圾再生集料无机混合料在道路基层中的应用,制定本标准。

**1.0.2** 本标准适用于城市次干路、次干路以下城市道路和三级公路、三级以下公路中采用建筑垃圾再生集料无机混合料的半刚性基层的设计、施工及验收。

**1.0.3** 建筑垃圾再生集料无机混合料在道路半刚性基层中的应用,除应符合本标准外,尚应符合国家、行业和地方现行有关标准的规定。

# 2 术 语

**2.0.1** 建筑垃圾再生集料 construction waste recycled aggregate

建筑拆除、建筑装修和道路设施维修所产生的建筑废弃物中的混凝土块、砂浆、石块、砖瓦、陶瓷、玻璃等混合加工而成的粒料。根据集料粒径不同,建筑垃圾再生集料分为再生粗集料和再生细集料两种,再生粗集料粒径大于4.75mm,再生细集料粒径不大于4.75mm。

**2.0.2** 再生级配集料 recycled graded aggregate

由再生粗集料和再生细集料按一定比例混合而成的级配集料。

**2.0.3** 再生级配集料干质量 dry weight of recycled graded aggregate

再生级配集料在105℃±5℃条件下烘干至恒重时的质量。

**2.0.4** 建筑垃圾再生集料无机混合料 construction waste recycled aggregate inorganic mixture

由再生级配集料配制的无机混合料,包括石灰粉煤灰稳定再生集料和水泥稳定再生集料。

**2.0.5** 石灰粉煤灰稳定再生集料 lime-fly ash stabilized recycled aggregate

以石灰、粉煤灰为结合料,通过加水与一定数量的再生级配集料共同拌和形成的混合料。按再生集料粒径不同,石灰粉煤灰稳定再生集料分为粗粒径和细粒径两种,粗粒径石灰粉煤灰稳定再生集料的再生集料粒径为31.5mm~53mm,细粒径石灰粉煤灰稳定再生集料的再生集料粒径不应大于31.5mm。

**2.0.6** 水泥稳定再生集料　cement stabilized recycled aggregate

以水泥为结合料,通过加水与一定数量的再生级配集料共同拌和形成的混合料。

**2.0.7** 硬质颗粒　hard particle

再生粗集料中混凝土、石块、砖瓦、陶瓷和玻璃等材质粒料的总称。

**2.0.8** 杂物　impurities

再生粗集料中除混凝土块、砂浆、石块、砖瓦、陶瓷、玻璃之外的其他物质。

# 3 基本规定

**3.0.1** 采用建筑垃圾再生集料无机混合料的道路半刚性基层的路面结构，应根据建筑垃圾再生集料无机混合料的材料性能、路面载荷等级、地基承载能力、渗透性等情况进行设计。

**3.0.2** 对土质不良、边坡易被雨水冲刷的地段或软土路基应进行处理，满足道路设计要求后方可采用建筑垃圾再生集料无机混合料作为道路基层。

# 4 原材料

## 4.1 再生集料

**4.1.1** 不得使用被污染或腐蚀的建筑垃圾制备再生集料。

**4.1.2** 再生粗集料与再生细集料的规格宜符合现行行业标准《公路路面基层施工技术细则》JTG/T F20 的规定。

**4.1.3** 道路半刚性基层用再生集料性能指标应符合表 4.1.3 的规定。

表 4.1.3　道路半刚性基层用再生集料性能指标

| 项目 | | 集料等级 | | | 检验方法 |
|---|---|---|---|---|---|
| | | I | II | III | |
| 再生粗集料 | 压碎值(%) | ≤30 | ≤35 | ≤40 | JTG E42 之 T0316 |
| | 针片状颗粒含量(%) | | <5 | | JTG E42 之 T0312 |
| | 含泥量(%) | <1.0 | <2.0 | <3.0 | JTG E42 之 T0310 |
| | 硬质颗粒含量(%) | ≥90 | ≥50 | ≥30 | 本标准附录 A |
| | 杂物含量(%) | <0.5 | | <1.0 | 本标准附录 A |
| 再生细集料 | 压碎值(%) | ≤30 | ≤35 | ≤40 | JTG E42 之 T0350 |
| | 泥块含量(%) | <2.0 | | <3.0 | JTG E42 之 T0335 |
| | 液限a(%) | | ≤40 | | JTG E40 之 T0118 |
| | 塑性指数a | ≤17 | | ≤20 | JTG E40 之 T0118 |
| | 三氧化硫含量b(%) | ≤0.25 | | ≤0.8 | JTG E42 之 T0341 |
| | 有机质含量 | | 合格 | | JTG E42 之 T0313 |

续表 4.1.3

| 项目 | | | 集料等级 | | | 检验方法 |
|---|---|---|---|---|---|---|
| | | | I | II | III | |
| 再生集料 | 重金属<br>浸出毒性<br>（mg/L） | 汞（总汞） | ≤0.02 | | | GB 5085.3 |
| | | 铅（总铅） | ≤2.0 | | | |
| | | 砷（总砷） | ≤0.6 | | | |
| | | 镉（总镉） | ≤0.1 | | | |
| | | 铬（总铬） | ≤1.5 | | | |

注：a. 应测定 0.075mm 以下材料的液限、塑性指数。

　　b. 水泥稳定再生集料用再生细集料三氧化硫含量应≤0.25%。

**4.1.4** 用于道路半刚性基层的再生集料选用应符合表 4.1.4 的规定。

表 4.1.4　道路半刚性基层用再生集料的选用

| 结构层 | 道路等级 | 重交通 | 中、轻交通 |
|---|---|---|---|
| 基层 | 城市次干路、次干路以下城市道路 | I，II | I，II |
| 底基层 | 三级公路、三级以下公路 | I，II | I，II，III |

**4.1.5** 石灰粉煤灰稳定再生集料用再生集料除应满足第 4.1.1 条～第 4.1.4 条的规定,尚应符合以下规定：

**1** 粗粒径石灰粉煤灰稳定再生集料中粒径小于 31.5mm 的含量不应超过 15%,粒径大于 53mm 的含量不应超过 5%,最大粒径不应超过 63mm。

**2** 细粒径石灰粉煤灰稳定再生集料的再生集料级配应符合设计要求,无具体要求时,可按表 4.1.5 选用,且用于道路基层时,级配宜符合表 4.1.5 中 LF-2S 的规定;用于道路底基层时,级配宜符合表 4.1.5 中 LF-1S 的规定。

表 4.1.5 石灰粉煤灰稳定再生集料的集料推荐级配范围(%)

| 筛孔尺寸<br>(mm) | 城市次干路、次干路以下城市道路<br>三级公路、三级以下公路 | |
| | LF-1S | LF-2S |
| --- | --- | --- |
| 31.5 | 100～90 | 100 |
| 26.5 | 94～81 | 100～90 |
| 19.0 | 83～67 | 87～73 |
| 16.0 | 78～61 | 82～65 |
| 13.2 | 73～54 | 75～58 |
| 9.5 | 64～45 | 66～47 |
| 4.75 | 50～30 | 50～30 |
| 2.36 | 36～19 | 36～19 |
| 1.18 | 26～12 | 26～12 |
| 0.6 | 19～8 | 19～8 |
| 0.3 | — | — |
| 0.15 | — | — |
| 0.075 | 7～2 | 7～2 |

**4.1.6** 水泥稳定再生集料用再生集料除应满足第 4.1.1 条～第 4.1.4 条的规定,其级配应满足设计要求,无具体要求时,可按表 4.1.6 选用,且用于道路基层和底基层时,级配宜符合表 4.1.6 中 C-1、C-2、C-3 的规定;C-1 级配宜用于基层和底基层,C-2 和 C-3 级配宜用于基层。

表 4.1.6 水泥稳定再生集料的集料推荐级配范围(%)

| 筛孔尺寸(mm) | 城市次干路、次干路以下城市道路 三级公路、三级以下公路 | | |
|---|---|---|---|
| | C-1 | C-2 | C-3 |
| 37.5 | 100 | — | — |
| 31.5 | 100～90 | 100 | — |
| 26.5 | 94～81 | 100～90 | 100 |
| 19.0 | 83～67 | 87～73 | 100～90 |
| 16.0 | 78～61 | 82～65 | 92～79 |
| 13.2 | 73～54 | 75～58 | 83～67 |
| 9.5 | 64～45 | 66～47 | 71～52 |
| 4.75 | 50～30 | 50～30 | 50～30 |
| 2.36 | 36～19 | 36～19 | 36～19 |
| 1.18 | 26～12 | 26～12 | 26～12 |
| 0.6 | 19～8 | 19～8 | 19～8 |
| 0.3 | 14～5 | 14～5 | 14～5 |
| 0.15 | 10～3 | 10～3 | 10～3 |
| 0.075 | 7～2 | 7～2 | 7～2 |

## 4.2 其他原材料

4.2.1 石灰粉煤灰稳定再生集料用于城市道路,采用的石灰、粉煤灰应符合现行上海市工程建设规范《城市道路桥梁工程施工质量验收规范》DG/TJ 08－2152 的规定;石灰粉煤灰稳定再生集料用于公路,采用的石灰、粉煤灰应符合现行上海市工程建设规范《公路工程施工质量验收标准》DG/TJ 08－119 的规定。

4.2.2 水泥稳定再生集料用水泥初凝时间应大于 3h,终凝时间应在 6h 以上且小于 10h。水泥质量应符合现行国家标准《通用硅酸盐水泥》GB 175 的规定。

4.2.3 建筑垃圾再生集料无机混合料用水应符合现行行业标准《混凝土用水标准》JGJ 63 的规定。

## 4.3 原材料验收要求

4.3.1 原材料供应单位应按规定批次向建筑垃圾再生集料无机混合料生产单位提供产品合格证、出厂检验报告和型式检验报告等。

4.3.2 建筑垃圾再生集料无机混合料生产单位应对原材料进行分批检验,再生集料性能应符合本标准表 4.1.3 的规定,石灰、粉煤灰、水泥性能应符合本标准第 4.2 节的规定。原材料检验批量应符合下列规定:

　　1 再生粗集料:同厂家、同品种、同规格连续进场每 1 000t 为一批,不足 1 000t 应按一批计,每批检测应不少于 1 次。

　　2 再生细集料:同厂家、同品种、同规格连续进场每 500t 为一批,不足 500t 应按一批计,每批检测应不少于 1 次。

　　3 石灰:同厂家、同产地以连续进场数量每 100t 为一批,不足 100t 应按一批计,每批检测应不少于 1 次,堆放时间超过一个月应复验。

　　4 粉煤灰:每种货源检测应不少于 1 次。

　　5 水泥:同厂家、同等级、同品种、同批号,袋装水泥以连续进场数量每 200t 为一批,散装水泥以 500t 为一批,不足量也按一批计,每批检测应不少于 1 次。储存期超过 3 个月或受潮的水泥应复验。

# 5 建筑垃圾再生集料无机混合料性能和配合比

## 5.1 石灰粉煤灰稳定再生集料性能和配合比

**5.1.1** 石灰粉煤灰稳定再生集料的性能应符合下列规定:

**1** 粗粒径石灰粉煤灰稳定再生集料的强度以粒径小于4.75mm的二灰及细集料在65℃恒温24h条件下快速法测定结果为准,快速法按照上海市工程建设规范《道路、排水管道成品与半成品施工及验收规程》DG/TJ 08－87－2016的附录B执行,其浸水抗压强度应符合表5.1.1-1的规定。

表 5.1.1-1　粗粒径石灰粉煤灰稳定
再生集料快速法抗压强度要求(MPa)

| 结构层 | 道路等级 | 重交通 | 中、轻交通 |
|---|---|---|---|
| 基层 | 城市次干路、次干路以下城市道路 | ≥1.5 | ≥1.2 |
| 底基层 | 三级公路、三级以下公路 | ≥1.2 | ≥1.0 |

**2** 细粒径石灰粉煤灰稳定再生集料的强度以无机混合料的7d无侧限抗压强度为准,其强度应符合表5.1.1-2的规定,试件制备、养护和抗压强度测定应符合现行行业标准《公路工程无机结合料稳定材料试验规程》JTG E51的有关规定。

表 5.1.1-2　细粒径石灰粉煤灰稳定
再生集料 7d 无侧限抗压强度(MPa)

| 结构层 | 道路等级 | 重交通 | 中、轻交通 |
|---|---|---|---|
| 基层 | 城市次干路、次干路以下城市道路 | ≥0.8 | ≥0.7 |
| 底基层 | 三级公路、三级以下公路 | ≥0.6 | ≥0.5 |

**3** 石灰粉煤灰稳定再生集料的间接抗拉强度、干缩性能应符合设计要求,无设计要求时,应符合表 5.1.1-3 的规定,测试方法应分别符合现行行业标准《公路工程无机结合料稳定材料试验规程》JTG E51 中 T0806 和 T0854 的有关规定。

表 5.1.1-3　石灰粉煤灰稳定再生集料的
间接抗拉强度、干缩性能

| 180d 间接抗拉强度(MPa) | 总干缩系数($\times 10^{-6}$) |
| --- | --- |
| ≥0.60 | ≤70 |

**5.1.2** 石灰粉煤灰稳定再生集料的配合比设计应符合下列规定:

**1** 石灰粉煤灰稳定再生集料配合比采用质量比,并应满足设计要求;无设计要求时,配合比宜符合表 5.1.2 的规定。

表 5.1.2　石灰粉煤灰稳定再生集料推荐配合比

| 混合料类型 | 石灰(%) | 粉煤灰(%) | 碎石(%) |
| --- | --- | --- | --- |
| 粗粒径石灰粉煤灰稳定再生集料 | 8~12 | 24~32 | 60~68 |
| 细粒径石灰粉煤灰稳定再生集料 | 6~10 | 12~25 | 65~82 |

**2** 粗粒径石灰粉煤灰稳定再生集料最佳含水率和最大干密度以二灰及细集料的最佳含水率为准;粗粒径石灰粉煤灰稳定再生集料的最大干密度按上海市工程建设规范《道路、排水管道成品与半成品施工及验收规程》DG/TJ 08－87－2016 的附录 A 确定。

**3** 细粒径石灰粉煤灰稳定再生集料最佳含水率和最大干密度按现行行业标准《公路工程无机结合料稳定材料试验规程》JTG E51 确定。

## 5.2 水泥稳定再生集料性能和配合比

**5.2.1** 水泥稳定再生集料的性能应符合下列规定：

**1** 水泥稳定再生集料的强度以无机混合料的7d无侧限抗压强度为准，其强度应符合表5.2.1-1的规定，试件制备、养护和抗压强度测定应符合现行行业标准《公路工程无机结合料稳定材料试验规程》JTG E51的有关规定。

表5.2.1-1 水泥稳定再生集料7d无侧抗压强度要求（MPa）

| 结构层 | 道路等级 | 重交通 | 中、轻交通 |
|---|---|---|---|
| 基层 | 城市次干路、次干路以下城市道路 | 3.0～5.0 | 2.0～4.0 |
| 底基层 | 三级公路、三级以下公路 | 2.0～4.0 | 1.0～3.0 |

**2** 水泥稳定再生集料的间接抗拉强度、干缩性能应满足设计要求，无设计要求时，应符合表5.2.1-2的规定，测试方法应分别符合现行行业标准《公路工程无机结合料稳定材料试验规程》JTG E 51中T0806和T0854的有关规定。

表5.2.1-2 水泥稳定再生集料的间接抗拉强度、干缩性能

| 90d间接抗拉强度（MPa） | 总干缩系数（$\times 10^{-6}$） |
|---|---|
| 0.50～1.0 | ≤200 |

**5.2.2** 水泥稳定再生集料的配合比设计应符合下列规定：

**1** 水泥稳定再生集料中水泥用量以水泥质量占全部再生级配集料干质量的百分率表示，即水泥用量＝水泥质量/再生级配集料干质量。水泥稳定再生集料中水泥用量应满足设计要求；无设计要求时，水泥用量宜符合表5.2.2的规定。

表 5.2.2 水泥稳定再生集料推荐水泥用量(%)

| 结构层 | 道路等级 | 重交通 | 中、轻交通 |
|---|---|---|---|
| 基层 | 城市次干路、次干路以下城市道路 | 4～9 | 3～8 |
| 底基层 | 三级公路、三级以下公路 | 3～8 | 3～7 |

# 6 结构设计

**6.0.1** 建筑垃圾再生集料无机混合料基层结构应根据道路类型、道路等级、交通荷载、路基条件、环境温湿度以及使用性能要求,进行整体设计,选择及组合与之相适应的道路路面结构。

**6.0.2** 路面结构可由面层、基层、底基层和必要的功能层组合而成。建筑垃圾再生集料无机混合料基层和底基层力学性能、水稳定性与耐久性应满足相关道路设计标准要求。

**6.0.3** 结构设计包括结构组合和厚度设计。应充分考虑建筑垃圾再生集料无机混合料基层结构及其相邻结构层的相互作用、层间结合条件及要求,以及结构组合的协调与平衡。

**6.0.4** 建筑垃圾再生集料无机混合料基层结构厚度应根据现行行业标准《公路沥青路面设计规范》JTG D50、《公路水泥混凝土路面设计规范》JTG D40、《城市道路工程设计规范》CJJ 37 和《城镇道路路面设计规范》CJJ 169 中新建或改建道路路面结构厚度计算方法来确定。

**6.0.5** 建筑垃圾再生集料无机混合料基层和底基层的适宜压实厚度,应按所选再生集料的公称最大粒径和压实效果要求而定。基层或底基层的设计层厚超出相应材料的适宜压实厚度范围时,宜分层铺设和压实,碾压成型后每层的摊铺厚度宜不小于160mm,最大厚度宜不大于200mm。

# 7 建筑垃圾再生集料无机混合料生产与施工

## 7.1 一般规定

**7.1.1** 建筑垃圾再生集料无机混合料应采用搅拌厂集中拌制。

**7.1.2** 基层施工前应按规定对上道工序进行检查验收,满足要求后方可进行基层施工。

**7.1.3** 建筑垃圾再生集料无机混合料在潮湿路段施工时应采取措施,消除积水。

**7.1.4** 基层施工期间的日最低气温应在 5℃ 以上,并在机具设备、施工技术管理等方面采取有效措施,做到及时摊铺、及时碾压、及时养生。

## 7.2 建筑垃圾再生集料无机混合料生产

**7.2.1** 建筑垃圾再生集料无机混合料原材料进入拌和设备时,应计量准确;原材料的计量宜采用电子计量仪器。

**7.2.2** 石灰粉煤灰稳定再生集料的生产尚应符合下列规定:

  **1** 粗粒径石灰粉煤灰稳定再生集料中二灰及细集料含水率,在 6 月至 9 月期间不应超过最佳含水率的 8%,其余月份不应超过最佳含水率的 5%;细粒径石灰粉煤灰稳定再生集料的含水量不应超过最佳含水量的 4%,以保证现场能及时在接近最佳含水率状态下进行碾压为宜。

  **2** 应配置强制式拌和机;拌和时,石灰粉煤灰稳定再生集料的净拌和时间不得少于 60s。

  **3** 石灰粉煤灰稳定再生集料的外观质量应拌和均匀,无明显粗细料分离现象。

**4** 石灰粉煤灰稳定再生集料在厂内堆放时间不应超过 2d。

**7.2.3** 水泥稳定再生集料的生产尚应符合下列规定：

**1** 城市道路和公路中使用水泥稳定再生集料,应采用搅拌厂集中拌制。

**2** 水泥稳定再生集料中水泥用量应比室内试验确定的剂量增加 0.5%,拌和含水率应高于最佳含水率 0.5%～1.0%。

**3** 水泥稳定再生集料的外观质量应拌和均匀,无明显粗细料分离现象。

**7.2.4** 建筑垃圾再生集料无机混合料运输车装好料后,应用篷布将厢体覆盖严密,直到摊铺机前准备卸料时方可打开。水泥稳定再生集料拌好后,从装车到运输至现场,时间不宜超过 1h,超过 2h 应作废料处理;在运输过程中,减少水分损失、集料离析。

### 7.3 石灰粉煤灰稳定再生集料摊铺、碾压和养生

**7.3.1** 石灰粉煤灰稳定再生集料的摊铺应符合下列规定:

**1** 摊铺前含水率应在最佳含水率的允许偏差范围。

**2** 石灰粉煤灰稳定再生集料应采用机械摊铺,每次摊铺长度宜为一个碾压段。

**3** 摊铺中发生粗、细集料离析时,应及时翻拌均匀。

**7.3.2** 石灰粉煤灰稳定再生集料的碾压应符合下列规定:

**1** 摊铺好的石灰粉煤灰稳定再生集料应当天碾压成型。

**2** 直线和不设超高的平曲线段,应由两侧向中心碾压;设超高的平曲线段,应由内侧向外侧碾压。

**3** 碾压时应先用轻型压路机稳压,后用重型压路机碾压至要求的压实度。

**7.3.3** 石灰粉煤灰稳定再生集料的养生应符合下列规定:

**1** 碾压完成后应立即洒水(或覆盖)养生,保持湿润。

**2** 养生期应封闭交通。

**3** 养生期应不少于 7d,且养生期应直至上层结构施工的前 2d 为止。

## 7.4 水泥稳定再生集料摊铺、碾压和养生

**7.4.1** 水泥稳定再生集料的摊铺应符合下列规定:

**1** 摊铺时应消除粗、细集料离析现象。

**2** 应在最佳含水率状况下,采用专用摊铺机械摊铺。

**3** 水泥稳定再生集料材料自搅拌至摊铺完成,不应超过 3h。应按当班施工长度计算用料量。

**4** 分层摊铺时,应在下层养护 7d 后,方可摊铺上层材料。

**7.4.2** 水泥稳定再生集料的碾压应符合下列规定:

**1** 摊铺好的水泥稳定再生集料应采用重型压路机碾压至要求压实度。

**2** 水泥稳定再生集料材料自加水拌和到碾压终了的时间应短于水泥终凝时间。

**7.4.3** 水泥稳定再生集料的养生应符合下列规定:

**1** 碾压完成后应立即保湿养生。

**2** 养生期间应封闭交通。

**3** 常温下碾压后应经 7d 养护,方可在其上铺筑面层。

# 8 验 收

## 8.1 建筑垃圾再生集料无机混合料验收

**8.1.1** 石灰粉煤灰稳定再生集料的 7d 无侧限抗压强度、间接抗拉强度和干缩性能应符合本标准第 5.1.1 条的规定。

　　检查数量:以连续进场数量每 4000t 为一批,不足 4000t 应按一批计,每批检测应不少于 1 次。

　　检查方法:检查产品合格证、检测报告。

**8.1.2** 水泥稳定再生集料的 7d 无侧限抗压强度、间接抗拉强度和干缩性能应符合本标准第 5.2.1 条的规定。

　　检查数量:以连续进场数量每 4000t 为一批,不足 4000t 应按一批计,每批检测应不少于 1 次。

　　检查方法:检查产品合格证、检测报告。

## 8.2 工程质量验收

**8.2.1** 采用建筑垃圾再生集料无机混合料的道路基层外观质量应符合下列规定:

　　**1** 无机混合料拌和均匀,无明显粗、细骨料离析。

　　**2** 表面平整、密实、无坑洼,施工接茬平整。

　　检查数量:全数。

　　检查方法:外观检查。

**8.2.2** 采用建筑垃圾再生集料无机混合料的城市道路基层和底基层质量验收项目和检查数量应符合表 8.2.2 的规定。

　　检查方法:对照施工图纸及施工记录进行平整度(三米直尺

法)、几何平面尺寸(包括中线偏位、纵断高程、高度、横坡)的量测,并查验量测记录。

表 8.2.2 城市道路基层和底基层质量验收项目和检查数量

| 项次 | 项目 | 单位 | 允许偏差值 | | 检查数量 | | |
|---|---|---|---|---|---|---|---|
| | | | 基层 | 底基层 | 范围 | 点数 | |
| 1 | 平整度 | mm | ≤10 | ≤15 | 100m | 路宽(m) | <9 | 1 |
| | | | | | | 9~15 | 2 |
| | | | | | | >15 | 3 |
| 2 | 中线偏位 | mm | ≤20 | ≤20 | 100m | 1 | |
| 3 | 纵断高程 | mm | −15~+5 | −20~+5 | 20m | 1 | |
| 4 | 宽度 | mm | ≥0+B注 | ≥0+B注 | 40m | 1 | |
| 5 | 横坡 | % | ±0.3,且不反坡 | | 20m | 路宽(m) | <9 | 2 |
| | | | | | | 9~15 | 4 |
| | | | | | | >15 | 6 |

注:$B$ 为必要的附加宽度。

**8.2.3** 采用建筑垃圾再生集料无机混合料的公路基层和底基层质量验收项目、检查方法和检查数量应符合上海市工程建设规范《公路工程施工质量验收标准》DG/TJ 08−119−2018 中表 5.3.2 的规定。

# 附录 A　建筑垃圾再生集料(4.75mm 以上部分)硬质颗粒含量和杂物含量试验方法

## A.1　取样数量

**A.1.1**　试验的最小取样数量应符合表 A.1.1 的规定。再生混凝土颗粒含量与杂物含量可采用同一组试样进行试验。

表 A.1.1　试验取样数量

| 集料最大公称粒径(mm) | 9.5 | 19.0 | 26.5 | 31.5 | 37.5 |
|---|---|---|---|---|---|
| 最少取样数量(kg) | 20 | 40 | 40 | 60 | 60 |

## A.2　试样处理

**A.2.1**　试样应按照现行国家标准《建设用碎石、卵石》GB/T 14685 的要求进行处理。

## A.3　试验步骤与结果处理

**A.3.1**　按照现行国家标准《建设用碎石、卵石》GB/T 14685 规定的方法取样,将试样过 4.75mm 方孔筛,取筛上部分进行试验,将试样缩分至不小于表 A.3.1 规定的数量称重后用人工分选的方法选出混凝土块、石块、陶瓷、玻璃以及铁质物、有色金属、土、塑料、沥青、木材、石灰、石膏、矿(岩)棉、加气混凝土块和膨胀珍珠岩制品等杂物,然后各自称量硬质颗粒总质量、各种杂物总质量,并计算分别占 4.75mm 以上部分试样总质量的百分比。

表 A.3.1 再生混凝土硬质颗粒及杂物含量所需试样数量

| 集料最大公称粒径(mm) | 9.5 | 19.0 | 26.5 | 31.5 | 37.5 |
|---|---|---|---|---|---|
| 最少取样数量(kg) | 4.0 | 8.0 | 8.0 | 15.0 | 15.0 |

A.3.2 试验结果取两次平行试验的平均值,精确至 0.1%。

# 本标准用词说明

1　为便于执行本标准条文时区别对待,对要求严格程度不同的用词说明如下:

　　1)表示很严格,非这样做不可的用词:

　　　正面词采用"必须";

　　　反面词采用"严禁"。

　　2)表示严格,在正常情况下均应这样做的用词:

　　　正面词采用"应";

　　　反面词采用"不应"或"不得"。

　　3)表示允许稍有选择,在条件许可时首先应这样做的用词:

　　　正面词采用"宜";

　　　反面词采用"不宜"。

　　4)表示有选择,在一定条件下可以这样做的用词,采用"可"。

2　标准中指明应按其他的标准、规范或规定执行的写法为"应按⋯⋯执行"或"应符合⋯⋯规定"。

# 引用标准名录

1 《通用硅酸盐水泥》GB 175
2 《危险废物鉴别标准浸出毒性鉴别》GB 5085.3
3 《建设用碎石、卵石》GB/T 14685
4 《城市道路工程设计规范》CJJ 37
5 《城镇道路路面设计规范》CJJ 169
6 《混凝土用水标准》JGJ 63
7 《公路水泥混凝土路面设计规范》JTG D40
8 《公路沥青路面设计规范》JTG D50
9 《公路土工试验规程》JTG E40
10 《公路工程集料试验规程》JTG E42
11 《公路工程无机结合料稳定材料试验规程》JTG E51
12 《公路路面基层施工技术细则》JTG/T F20
13 《道路、排水管道成品与半成品施工及验收规程》DG/TJ 08—87
14 《公路工程施工质量验收标准》DG/TJ 08—119
15 《城市道路桥梁工程施工质量验收规范》DG/TJ 08—2152

上海市工程建设规范

建筑垃圾再生集料无机混合料应用技术标准

DG/TJ 08－2309－2019
J 14951－2019

条文说明

2020　上海

# 目　次

# Contents

# 1 总 则

1.0.1 建筑垃圾再生集料无机混合料的开发与应用,不仅可以促进建筑垃圾的资源化利用,为建筑垃圾再生集料提供新的应用领域,并且对城市生态环境改善具有重要意义。为贯彻国家固体废弃物资源利用,规范建筑垃圾再生集料无机混合料道路基层的设计、施工、验收,特制定本标准。

1.0.2 建筑垃圾再生集料相比天然碎石,吸水率大、压碎值高,其替代天然碎石制备城市快速路、主干路以及高速公路、一级公路等的道路半刚性基层材料,缺乏大量的数据和工程案例支撑,因此本标准适用范围为城市次干路、次干路以下城市道路和三级公路、三级以下公路。

1.0.3 建筑垃圾再生集料无机混合料的原材料、产品以及在工程中的应用涉及不同的国家标准、行业标准和地方标准,在使用中除应执行本标准外,还应符合涉及的其他现行标准规范的规定。

# 2 术  语

**2.0.1** 根据 2017 年 9 月 18 日公布的《上海市建筑垃圾处理管理规定》(沪府令 57 号),建筑垃圾包括建设工程垃圾和装修垃圾。建设工程垃圾是指建设工程的新建、改建、扩建、修缮或者拆除等过程中,产生的弃土、弃料和其他废弃物。装修垃圾是指按照国家规定无需实施施工许可管理的房屋装饰装修过程中产生的弃料和其他废弃物。建设工程包括房屋建筑工程和道路设施工程,由于房屋建筑工程垃圾中的废弃混凝土的资源综合利用率较高,并且已制定上海市工程建设规范《再生混凝土应用技术规程》DG/TJ 08-2018-2007,而装修垃圾、建筑工程拆除垃圾和道路设施工程维修所产生的废弃物综合利用率较低,因此本标准涉及的建筑垃圾为建筑拆除垃圾、建筑装修垃圾和道路设施维修所产生的废弃物。

**2.0.5~2.0.6** 对工程中常见的两种稳定材料(无机混合料)——石灰粉煤灰稳定材料和水泥稳定材料进行定义,其中的被稳定材料为再生级配集料。

**2.0.7** 行业标准《道路用建筑垃圾再生骨料无机混合料》JC/T 2281-2014 将再生混凝土颗粒的范围定义为"混凝土块、石块类粒料"。本标准涉及的建筑装修垃圾和拆除垃圾中陶瓷和玻璃占一定比例,强度较高,密度与混凝土和石块差异不大,故本标准提出"硬质颗粒"的概念,将其定义为"混凝土块、石块、陶瓷和玻璃等材质粒料的总称"。

**2.0.8** 建筑垃圾中含有的金属、沥青、木材、石膏、加气混凝土块等物质,对道路基层质量有影响,应通过分类、分选、分拣等工艺去除。国家标准《混凝土用再生粗骨料》GB/T 25177-2010 将

"杂物"定义为"除混凝土、石、砂浆、砖瓦之外的其他物质"。本标准将"杂物"定义为"除混凝土块、石块、砂浆、砖瓦、陶瓷、玻璃之外的其他物质",因为建筑垃圾中可能含有一定量的陶瓷和玻璃,而陶瓷和玻璃吸水率较低、强度较高,所以不应将陶瓷和玻璃作为杂物。

# 3 基本规定

3.0.1 采用建筑垃圾再生集料无机混合料的道路基层设计,需要同时兼顾材料性能、路面载荷等级、地基承载能力、渗透性等情况。

3.0.2 土质不良、边坡易被雨水冲刷的地段和软土路基,在有外荷载时,极易出现过大变形和强度不够等问题,因此采用建筑垃圾再生集料无机混合料作为基层材料时,这些路基应作处理。

# 4 原材料

## 4.1 再生集料

**4.1.1** 为防止污染地下水和地表土,不得使用被污染或腐蚀的建筑垃圾以及混有生活垃圾的建筑垃圾制备再生集料。原则上,下列情况下的建筑垃圾不得用于生产再生集料:

**1** 建筑垃圾来自特殊使用场合的混凝土(如核电站、医院放射室等)。

**2** 建筑垃圾已受重金属或有机物污染。

**3** 建筑垃圾已受硫酸盐或氯盐等腐蚀介质严重侵蚀。

**4.1.3**

**再生粗集料**

【压碎值】 为保证建筑垃圾再生集料的路用性能,要求其应满足一定的强度要求。再生集料相比天然集料,微裂缝多、强度低;同时建筑垃圾中除强度较高的混凝土成分,可能还含有一些低密度的砖瓦、砂浆等材料,强度更低。行业标准《道路用建筑垃圾再生骨料无机混合料》JC/T 2281－2014 将再生级配骨料(4.75mm以上部分)的压碎指标分成两类:Ⅰ类再生骨料的压碎指标≤30%,Ⅱ类压碎指标≤45%,其中Ⅰ类再生级配骨料可用于城镇道路路面的底基层以及主干路及以下道路的路面基层,Ⅱ类再生级配骨料可用于城镇道路路面的底基层以及次干路、支路及以下道路的路面基层。上海市工程建设规范《城市道路工程施工质量验收规范》DGJ 08－118－2005 规定,水泥稳定碎石和二灰稳定碎石中碎石压碎值要求为:用于除快速路、主干路外的其他道路基层时,压碎值≤35%;用于其他道路底基层时,压碎值≤40%。本标准参考相关标准,并结合验证试验及调研数据,将压碎值分为三个等级:Ⅰ级(压碎值≤30%)、Ⅱ级(压碎值≤35%)、Ⅲ级(压碎值≤40%)。

【针片状颗粒含量】 再生粗集料中的针片状颗粒对粗集料的堆积密度和空隙率有影响,进而对道路基层材料的最大干密度和强度等产生影响。国家标准《混凝土用再生粗骨料》GB/T 25177－2010规定,再生粗骨料的针片状颗粒含量<10%,行业标准《道路用建筑垃圾再生骨料无机混合料》JC/T 2281－2014规定,再生粗骨料的针片状颗粒含量≤20%。根据验证试验,四家企业(良延环保、兴盛路基、勤顺、宝钢)生产的再生粗集料中针片状含量均较低,不超过4%。因此,本标准将再生粗集料针片状颗粒含量规定为<5%,这一指标严于国家同类产品指标要求。

【含泥量】 再生集料的含泥量(微粉含量)影响无机结合料(水泥/石灰-粉煤灰)与再生集料之间的黏结,降低道路材料的强度和耐久性。国家标准《混凝土用再生粗骨料》GB/T 25177－2010规定Ⅰ级、Ⅱ级、Ⅲ级再生粗骨料的微粉含量(参照国家标准《建设用卵石、碎石》GB/T 14685－2011含泥量试验方法)分别为<0.5%、<1.0%、<1.5%。因国家标准《混凝土用再生粗骨料》GB/T 25177－2010是针对用于混凝土的再生粗骨料,故微粉含量要求较高。但是相对于干硬性的路面基层材料,可适当放宽含泥量的要求。行业标准《道路用建筑垃圾再生骨料无机混合料》JC/T 2281－2014未对含泥量提出要求,行业标准《公路路面基层施工技术细则》JTG/T F20－2015也未对三级公路及三级以下公路的含泥量提出要求。本标准参考相关标准并结合验证试验,四家企业(良延环保、兴盛路基、勤顺、宝钢)再生粗集料样品中,一家含泥量<1%、两家含泥量1%～3%、一家含泥量>5%,本标准将Ⅰ级再生粗集料的含泥量规定为<1.0%,等同国家标准《混凝土用再生骨料》GB/T 25177－2010 Ⅱ级要求;将Ⅱ级、Ⅲ级再生粗骨料的含泥量分别规定为<2.0%、<3.0%。

【硬质颗粒含量】 行业标准《道路用建筑垃圾再生骨料无机混合料》JC/T 2281－2014 中规定,Ⅰ类再生级配集料(4.75mm 以上部分)中再生混凝土颗粒含量≥90％,对Ⅱ类再生级配集料不作要求。本标准涉及建筑工程中的装修垃圾和拆除垃圾,碎陶瓷和玻璃占一定比例,强度较高,密度与混凝土和石块差异不大,因此不仅对再生混凝土颗粒含量作要求,而且将混凝土块、石块、陶瓷和玻璃统称为硬质颗粒,并结合验证试验,将再生集料的硬质颗粒含量分为三个等级:Ⅰ级(≥90％)、Ⅱ级(≥50％)、Ⅲ级(≥30％)。

【杂物含量】 国家标准《混凝土用再生粗骨料》GB/T 25177－2010 中杂物含量的指标要求为＜1.0％;行业标准《道路用建筑垃圾再生骨料无机混合料》JC/T 2281－2014 规定Ⅰ类再生集料的杂物含量≤0.5％,Ⅱ类再生集料的杂物含量≤1.0％,其中Ⅰ级再生级配集料可用于城镇道路路面的底基层以及主干路及以下道路的路面基层,Ⅱ类再生级配集料可用于城镇道路路面的底基层以及次干路、支路及以下道路的路面基层。本标准参考相关标准并结合验证试验数据(三家企业产品数据,两家杂物含量＜0.5％、一家杂物含量 3.2％),规定Ⅰ级再生粗集料的杂物含量规定为＜0.5％,Ⅱ级、Ⅲ级再生粗集料的杂物含量规定为＜1.0％。

**再生细集料**

【压碎值】 参考行业标准《道路用建筑垃圾再生骨料无机混合料》JC/T 2281－2014 和上海市工程建设规范《城市道路工程施工质量验收规范》DGJ 08－118－2005,并结合验证试验数据[良延环保以废混凝土为主,压碎值 20％;其余三家(兴盛路基、勤顺、宝钢)废混凝土、红砖混杂,两家(勤顺、宝钢)压碎值 32％～35％,另一家(兴盛路基)压碎值 44％],本标准将压碎值分为三个等级:Ⅰ级(压碎值≤30％)、Ⅱ级(压碎值≤35％)、Ⅲ级(压碎值≤40％)。

【泥块含量】 国家标准《混凝土和砂浆用再生细骨料》GB/T

25176-2010规定，Ⅰ级再生细集料的泥块含量<1.0%，Ⅱ级再生细集料的泥块含量<2.0%，Ⅲ级再生细集料的泥块含量<3.0%。考虑到本标准的建筑垃圾组分较复杂，参照国家标准对建筑垃圾再生细集料的泥块含量进行规定，Ⅰ级再生细集料的泥块含量<2.0%，Ⅱ级、Ⅲ级再生细集料的泥块含量<3.0%。

【液限、塑性指数】 根据行业标准《公路路面基层施工技术细则》JTG/T F20-2015规定，采用水泥稳定时，被稳定材料的液限应不大于40%，塑性指数应不大于17；塑性指数大于17时，宜采用石灰粉煤灰稳定或水泥石灰综合稳定。结合该标准对细集料技术要求和验证试验结果，规定再生细集料液限≤40%；Ⅰ级、Ⅱ级再生细集料塑性指数≤17；Ⅲ级再生细集料塑性指数≤20，但用水泥稳定时，塑性指数应≤17。

【三氧化硫含量】 行业标准《公路路面基层施工技术细则》JTG/T F20-2015规定用于高速公路和一级公路时，水泥稳定材料中，细集料的硫酸盐含量≤0.25%；石灰稳定材料中，细集料的硫酸盐含量≤0.8%；对用于二级以下公路基层中细集料的硫酸盐含量未作要求。本标准结合验证试验，规定Ⅰ级、Ⅱ级再生细集料(<4.75mm部分)的三氧化硫含量≤0.25%；Ⅲ级再生细集料三氧化硫含量≤0.8%，但用水泥稳定时，再生细集料三氧化硫含量应≤0.25%

【有机质含量】 再生细集料有机质含量过高，将影响无机结合料的品质。根据行业标准《公路工程集料试验规程》JTG E42-2005，采用标准溶液对比颜色的方法，鉴定有机质含量(若试样上部的溶液颜色浅于标准溶液的颜色，则有机质含量鉴定合格)，本标准规定有机质含量的指标要求为合格。取样测试的三个样品有机质含量均合格。

【重金属浸出毒性】 现行国家和行业建筑垃圾再生骨料相关的技术标准尚未列出环保性指标。建筑垃圾来源复杂，建筑垃圾再生集料用于道路半刚性基层可能存在潜在的环境安全风险性,因此对其重金属浸出毒性进行规定。本标准提出道路基层用再生集料的浸出液重金属含量指标,主要参照现行中国工程建设标准化协会(CECS)颁布的《水泥基再生材料的环境安全性检测标准》CECS 397:2015 中水泥基再生材料重金属浸出毒性[汞(总汞)≤0.02mg/L、铅(总铅)≤2.0mg/L、砷(总砷)≤0.6mg/L、镉(总镉)≤0.1mg/L、铬(总铬)≤1.5mg/L]确定。

4.1.4　参照行业标准《公路路面基层施工技术细则》JTG/T F20－2015,用于二级及二级以下公路基层的粗集料压碎值应≤35%,用于底基层的粗集料的压碎值应≤40%。综合考虑交通荷载以及再生集料特性,Ⅰ级再生集料(压碎值≤30%)用于城市次干路、次干路以下城市道路和三级公路、三级以下公路基层和底基层(重交通和中、轻交通),Ⅱ级再生集料(压碎值≤35%)用于城市次干路、次干路以下城市道路和三级公路、三级以下公路基层和底基层(重交通和中、轻交通),Ⅲ级再生集料(压碎值≤40%)用于城市次干路、次干路以下城市道路和三级公路、三级以下公路底基层(中、轻交通)。

4.1.5　对粗粒径石灰粉煤灰稳定集料的集料粒径要求,参考上海市工程建设规范《道路、排水管道成品与半成品施工及验收规程》DG/TJ 08－87－2016;对细粒径石灰粉煤灰稳定集料的集料级配,参考现行行业标准《公路路面基层施工技术细则》JTG/T F20 的相关级配规定。

4.1.6　水泥稳定再生集料的集料级配要求,参考行业标准《公路路面基层施工技术细则》JTG/T F20－2015 和上海市工程建设规范《道路、排水管道成品与半成品施工及验收规程》DG/TJ 08－87－2016 的规定。

## 4.3　原材料验收要求

4.3.1～4.3.2　道路基层工程施工采用的原材料应按照国家及行业相关标准进行检验和复验后方可使用。检验批量参考上海市工程建设规范《城市道路桥梁工程施工质量验收规范》DG/TJ 08－2152－2014 和《公路工程施工质量验收标准》DG/TJ 08－119－2018。

# 5 建筑垃圾再生集料无机混合料性能和配合比

## 5.1 石灰粉煤灰稳定再生集料性能和配合比

### 5.1.1

**1，2** 粗粒径石灰粉煤灰稳定再生集料和细粒径石灰粉煤灰稳定再生集料强度性能参照上海市工程建设规范《道路、排水管道成品与半成品施工及验收规程》DG/TJ 08－87－2016 和行业标准《公路路面基层施工技术细则》JTG/T F20－2015 的规定。

**3** 半刚性基层材料目前在组成设计和施工中控制指标主要为 7d 无侧限抗压强度，而抗拉性能更能反映应用中基层拉应力情况，其中间接抗拉强度（劈裂试验）操作方便，而且在现场测试时钻芯取样也简单，国外也都趋于用圆柱体试件（$\varphi$15cm×15cm）的劈裂试验法；以石灰粉煤灰稳定再生集料含大量再生集料，与同配比的天然集料结合料相比，吸水率大，最佳含水率高，干缩大，更易引起收缩开裂，因此对其干缩性能进行要求。以上两个性能的指标是在大量的理论和试验研究结果调研的基础上确定的。

## 5.2 水泥稳定再生集料性能和配合比

### 5.2.1

**1** 水泥稳定再生集料强度性能参照上海市工程建设规范《道路、排水管道成品与半成品施工及验收规程》DG/TJ 08－87－2016 和行业标准《公路路面基层施工技术细则》JTG/T F20－2015 的规定。

**2** 7d 无侧限抗压强度指标不能完全反映水泥稳定材料实际破坏的力学特征,水泥稳定材料主要是被"拉坏"而非"压坏",劈裂强度指标是更为接近水泥稳定材料实际破坏模型的力学指标,而且间接抗拉强度(劈裂试验)操作方便,在现场测试时钻芯取样也简单,国外也都趋于用圆柱体试件($\varphi15cm \times 15cm$)的劈裂试验法;因水泥稳定再生集料含大量再生集料,与同配比的天然集料结合料相比,含水率高,而且水泥稳定再生集料中水泥掺量大,更易引起收缩开裂,因此对其干缩性能进行要求。以上两个性能的指标是在大量的理论和试验研究结果的基础上确定的。

**5.2.2** 根据行业标准《公路路面基层施工技术细则》JTG/T F20—2015,水泥稳定级配碎石用于基层时,要求 7d 无侧限抗压强度 $R_d \geqslant 5.0$MPa时,水泥推荐试验剂量最高 9%;要求 $R_d < 5.0$MPa时,水泥推荐试验剂量最高 7%;用于底基层时,水泥推荐试验剂量最高 7%。同时水泥的用量不应低于 3%。因再生集料强度较低,与同配比的水泥稳定级配碎石相比,水泥稳定再生集料 7d 无侧限抗压强度低,为达到强度要求,应增加水泥比例。另再生集料中硬质颗粒比例较少,其压碎值更高,强度更低,因此水泥掺量会更多。验证试验结果,见表 1。

**表 1　验证试验结果**

| 集料来源 | 集料等级 | 水泥掺量,7d 无侧限抗压强度 | 水泥掺量,7d 无侧限抗压强度 |
|---|---|---|---|
| — | 再生混凝土颗粒 100% | 3%,3.0MPa | 5.5%,4.5MPa |
| 良延环保 | Ⅰ(再生混凝土颗粒含量约 90%) | 7.5%,5.4MPa | 10%,8.3MPa |
| 勤顺 | Ⅱ(再生混凝土颗粒含量约 50%) | 7.5%,4.2MPa | 10%,6.7MPa |
| 宝钢 | Ⅱ(再生混凝土颗粒含量约 50%) | 7.5%,4.9MPa | 10%,6.5MPa |
| 兴盛路基 | Ⅱ(再生混凝土颗粒含量约 70%) | 7.5%,5.4MPa | 10%,7.0MPa |

　　结合表 1 及本标准中表 4.1.4 和表 5.2.1-1 的技术要求,水泥掺量的推荐剂量见表 2。

表 2　水泥掺量的推荐剂量

| 结构层 | 道路等级 | 重交通 | 中、轻交通 |
|---|---|---|---|
| 基层 | 城市次干路、次干路以下城市道路 | 4%～9% | 3%～8% |
| 底基层 | 三级公路、三级以下公路 | 3%～8% | 3%～7% |

# 6 结构设计

**6.0.2** 基层主要承受由无机结合料稳定再生集料面层传递下来的车辆荷载作用力,并将其扩散到下面的垫层和路基,因此应具有足够的承载力。

**6.0.3** 选择和组合结构层时,对基层与上、下层次的相互作用以及层间结合条件和要求应予以考虑。如:基层与面层的刚度比,是否会引起面层底面产生过大的拉应力;下面层次的透水性,是否会引起基层、底基层的冲刷。

**6.0.5** 建筑垃圾再生集料无机混合料每层摊铺厚度参照行业标准《公路路面基层施工技术细则》JTG/T F20—2015中第5.4.1条的要求。

# 7 建筑垃圾再生集料无机混合料生产与施工

## 7.1 一般规定

**7.1.2** 由于道路不同结构层属于隐蔽工程,故在基层结构施工前,应对上道工序做好验收后方可进行基层施工。

**7.1.3** 过分潮湿的路段会改变建筑垃圾再生集料无机混合料的含水率,降低无机混合料的技术指标。若积水过多,可采取相应的排水措施。

## 7.2 建筑垃圾再生集料无机混合料生产

**7.2.2** 参考上海市工程建设规范《道路、排水管道成品与半成品施工及验收规程》DG/TJ 08-87-2016 中第 7.5 节拌制、第 7.6节技术要求、第 7.8 节产品出厂中部分条款的要求,同时考虑再生集料需水量大,因此将净拌和时间由 30s 延长至 60s。

**7.2.3~7.2.4** 参考上海市工程建设规范《道路、排水管道成品与半成品施工及验收规程》DG/TJ 08-87-2016 中第 8.5 节拌制和行业标准《公路路面基层施工技术细则》JTG/T F20-2015中第 5.2.19 条、第 5.2.20 条的部分款项要求。有时由于运距较近,认为不必覆盖篷布,实际上在前场施工时经常会遇到各种情况导致无机混合料水分散失,因此,不论运距多远都要覆盖篷布。

## 7.3 石灰粉煤灰稳定再生集料摊铺、碾压和养生

**7.3.1~7.3.3** 石灰粉煤灰稳定再生集料摊铺、碾压和养生参考

行业标准《城镇道路工程施工与质量验收规范》CJJ 1－2008 中第 7.3.4 条、第 7.2.7 条和第 7.3.6 条及上海市工程建设规范《公路工程施工质量验收标准》DG/TJ 08－119－2018 中第 5.3.1 条和《公路路面基层施工技术细则》JTG/T F20－2015 中第 6.1.2 条的部分款项的要求。

## 7.4 水泥稳定再生集料摊铺、碾压和养生

**7.4.1～7.4.3** 水泥稳定再生集料摊铺、碾压和养生参考行业标准《城镇道路工程施工与质量验收规范》CJJ 1－2008 中第 7.5.6 条、第 7.5.7 条、第 7.5.9 条和上海市工程建设规范《公路工程施工质量验收标准》DG/TJ 08－119－2018 中第 5.3.1 条部分款项的要求。

# 8 验 收

## 8.1 建筑垃圾再生集料无机混合料验收

**8.1.1、8.1.2** 石灰粉煤灰稳定再生集料和水泥稳定再生集料质量验收的检查数量和检查方法参考上海市工程建设规范《城市道路桥梁工程施工质量验收规范》DG/TJ 08－2152－2014 和《公路工程施工质量验收标准》DG/TJ 08－119－2018。

## 8.2 工程质量验收

**8.2.2、8.2.3** 采用建筑垃圾再生集料无机混合料的城市道路和公路基层施工验收时,验收项目、检查方法和检查数量分别参考上海市工程建设规范《城市道路桥梁工程施工质量验收规范》DG/TJ 08－2152－2014 和《公路工程施工质量验收标准》DG/TJ 08－119－2018。